Sitzungsberichte
der Akademie der Wissenschaften
der DDR
Mathematik – Naturwissenschaften – Technik

13 N

1980

Karl Lanius

Die Physik und ihre Tendenzen

AKADEMIE-VERLAG · BERLIN

Sitzungsberichte
der Akademie der Wissenschaften
der DDR
Mathematik — Naturwissenschaften — Technik

Jahrgang 1980 · Nr. 13/N

Karl Lanius

Die Physik und ihre Tendenzen

Dargelegt am Beispiel der Elementarteilchenphysik

AKADEMIE-VERLAG · BERLIN
1981

Vorträge der Ordentlichen Mitglieder
der Akademie der Wissenschaften der DDR
Karl Lanius und Robert Rompe in der Sitzung
des Plenums der AdW der DDR am 20. Dezember 1979

Herausgegeben im Auftrage
des Präsidenten der Akademie
der Wissenschaften der DDR
von Vizepräsident Prof. Dr. Heinrich Scheel

Erschienen im Akademie-Verlag, DDR-1080 Berlin, Leipziger Str. 3—4

Lizenznummer: 202 · 100/303/80
Gesamtherstellung: VEB Druckhaus Köthen
Bestellnummer: 762 881 5 (2010/80/13/N) LSV 1175
Printed in GDR
DDR 3,50 M

Inhalt

Karl Lanius

Die Physik und ihre Tendenzen, dargelegt am Beispiel der Elementarteilchenphysik

Die Physik als fundamentale Naturwissenschaft stellt trotz der zunehmenden Spezialisierung in methodisch und thematisch weit auseinanderfallenden Richtungen auch heute noch eine Einheit dar. Die Entwicklung jeder ihrer Forschungsrichtungen enthält demzufolge etwas Exemplarisches für die Eigenart des Fortschreitens der gesamten Physik.

Es mag sein, daß so bedeutende Gebiete wie etwa die Physik des Makrokosmos oder die Physik komplexer Strukturen, die den Hauptteil der modernen physikalischen Forschung umfaßt, in höherem Maße und vielleicht auch deutlicher die physikalische Forschung als Ganzes repräsentieren. Ich beschränke mich hier jedoch auf die Probleme des modernen Atomismus — die Hochenergie- oder Elementarteilchenphysik.

Sie versucht in sehr direkter Weise, zwei Fragen an die Natur zu beantworten:
1. Welches sind die grundlegenden Bestandteile aller Materie im Universum?
2. Welche fundamentalen Kräfte beherrschen das Verhalten dieser grundlegenden Bestandteile, so daß sie alle auftretenden Formen der Materie bilden können?

Beide Fragen sind mit dem die Naturforscher und Philosophen seit etwa dreitausend Jahren beschäftigenden Problem verbunden, ob alle Daseins- und Bewegungsformen der Materie a priori einen kontinuierlichen oder einen diskontinuierlichen Charakter besitzen. Unbestritten besteht zwischen Kontinuum und Diskontinuum ein dialektisches Verhältnis, dessen bloße Konstatierung allerdings der physikalischen Forschung kaum weiterhilft. Es ist dominierend, jeweils die eine oder andere Seite Gegenstand unserer wissenschaftlichen Bemühungen in Abhängigkeit davon, welchem Bereich wir uns zuwenden, aber auch davon, wie tief unsere Erkenntnis die Geheimnisse der Natur zu enthüllen vermag. Ich komme noch darauf zurück.

Der kontinuierliche Charakter der Stoffe, etwa der Flüssigkeiten, kommt durch den Zusammenhalt von Atomen und Molekülen zustande, deren Existenz im Konzept der klassischen Hydrodynamik keineswegs augenfällig ist. Im 19. Jahrhundert entdeckten die Chemiker und Physiker, daß alle Stoffe letztlich aus Atomen bestehen. Die innere Struktur der Atome, ihr Aufbau aus einer Elektronenhülle und einem aus Protonen und Neutronen bestehenden Atomkern, wurde in den ersten vier Jahrzehnten des 20. Jahrhunderts aufgedeckt.

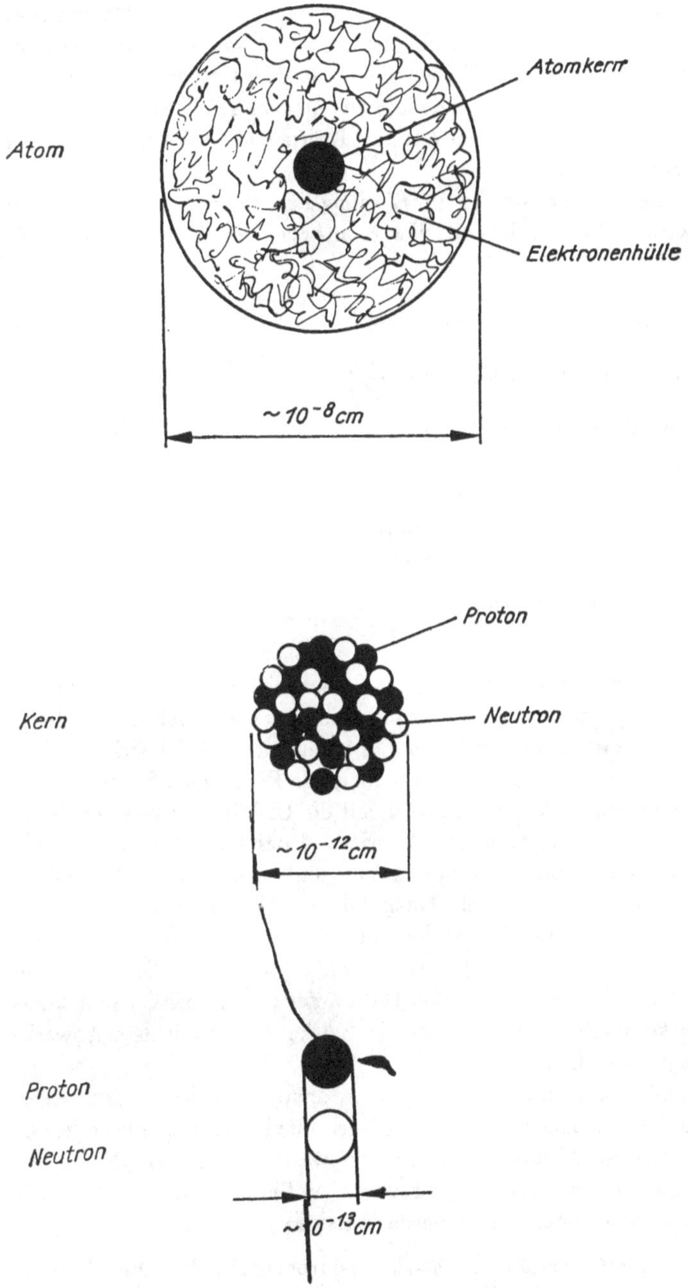
Atom
Atomkern
Elektronenhülle
~10⁻⁸cm
Proton
Kern
Neutron
~10⁻¹²cm
Proton
Neutron
~10⁻¹³cm

Abb. 1

In den dreißiger Jahren standen zur Beschreibung der Struktur der Materie fünf elementare Bestandteile zur Verfügung, das Elektron und das Neutrino, das Photon als das Quant des elektromagnetischen Feldes und das Proton und Neutron als die Bausteine der Atomkerne. Neben diesen elementaren Teilchen war das Wirken von vier verschiedenen fundamentalen Kräften oder Wechselwirkungen in der Natur bekannt:

– Die starke Wechselwirkung, welche die Bindung der Neutronen und Protonen im Kern bewirkt. Die Reichweite dieser anziehenden Kraft beträgt nur $\approx 10^{-13}$ cm.

– Die starke Kraft; (Reichweite $\approx 10^{-13}$ cm)

– Die elektromagnetische Kraft; $\left(\text{Reichweite} \sim \frac{1}{r^2}\right)$

– Die schwache Kraft; (Reichweite $\approx 10^{-15}$ cm)

– Die Gravitationskraft; $\left(\text{Reichweite} \sim \frac{1}{r^2}\right)$

stark:	elektromagn.:	schwach:	gravitativ =
1 :	10^{-2} :	10^{-10} :	10^{-38}

Abb. 2 Vier fundamentale Wechselwirkungen

– Die elektromagnetische Wechselwirkung, die allen elektrischen und magnetischen Vorgängen zugrunde liegt. Wir kennen sie als eine anziehende, aufbauende, aber auch als abstoßende Kraft. Sie besitzt eine unendliche, sich mit dem Abstand zwischen den Ladungsträgern verringernde Reichweite. Sie führt zum Aufbau der Atome und Moleküle und ist damit die Ursache der von uns direkt beobachteten Erscheinungsformen der Materie und des Lichtes, d. h. der elektromagnetischen Wellen. Übrigens auch Leben und menschliches Denken gehören letzthin zum Bereich der elektromagnetischen Wechselwirkung.
– Die schwache Wechselwirkung. Sie ist eine nur zerstörende Kraft, die beispielsweise den radioaktiven β-Zerfall von Atomkernen verursacht. Die Reichweite der schwachen Kraft ist um den Faktor 100 kürzer als die bereits sehr kurzreichweitige starke Wechselwirkung und ihre Stärke wächst mit dem Anwachsen der Energie der Teilchen.
– Die Gravitations-Wechselwirkung. Sie ist eine anziehende Kraft, der wegen ihrer Masse und Energie alle Teilchen unterliegen. Sie besitzt unendliche Reichweite, die sich mit dem Abstand zwischen den Massen verringert. Wegen der sehr kleinen Massen im atomaren und subatomaren Bereich ist sie im Vergleich zu den anderen Wechselwirkungen zu vernachlässigen.

Die Größe der vier Kräfte verhält sich stark : elektromagnetisch : schwach : gravitativ zueinander wie $1 : 10^{-2} : 10^{-10} : 10^{-38}$ (bei einer Energie von ≈ 1 GeV).

Teilchen, zwischen denen starke Wechselwirkungen auftreten, nennt man Hadronen, Teilchen, die direkt keiner starken Wechselwirkung unterliegen, bezeichnet man als Leptonen. Das Schema der Elementarteilchen der dreißiger Jahre hatte damit folgendes Aussehen:

Leptonen	Hadronen
e^-, ν_e	p, n

Hinzu kommen die Antiteilchen, Positron e^+ und Antineutrino $\bar{\nu}_e$ bei den Leptonen und Antiprotonen $\overline{p}$ und Antineutron $\overline{n}$ bei den Hadronen. Die letzteren wurden allerdings erst in den fünfziger Jahren experimentell nachgewiesen.

Diese vier Elementarteilchen und das Lichtquant waren eine ausreichende Basis zur Beschreibung aller bis dahin bekannten physikalischen Phänomene des Aufbaus der Materie. Der elementare Charakter dieser Teilchen wurde nun nicht mehr im Sinne von kleinsten Bausteinen verstanden, deren Existenz unveränderlich ist. Die Teilchenzahl erwies sich in keinem der vier Wechselwirkungstypen als Erhaltungsgröße. Teilchen können erzeugt und vernichtet werden. Die klassischen Erhaltungssätze (Energie, Impuls, Drehimpuls) und die mit ihnen verbundenen raum-zeitlichen Symmetrien wurden weiterhin nicht in Frage gestellt. Die Elementarteilchen erschienen nun als bei der Wechselwirkung ineinander übergehende Träger von kleinstmöglichen Beträgen an Masse, Eigendrehimpuls oder Spin, elektrischer Ladung und anderer unanschaulicher Quantenzahlen. Auf eine neue und überraschende Art fand man später, wie die Symmetrie einer Wechselwirkung und die mögliche Existenz eines Elementarteilchens einander bedingen.

Hadronen:

Mesonen $J = 0, 1, 2 \ldots$
Baryonen $J = 1/2, 3/2, 5/2 \ldots$

Leptonen:

Elektron e: $m = m_e$; $J = 1/2$
Muon μ: $m = 207\ m_e$; $J = 1/2$

Neutrinos $\begin{cases} \nu_e \\ \nu_\mu \end{cases}$ $m = 0$; $J = 1/2$

(J wird in Einheiten von $\hbar = h/2\pi$ gemessen)

Abb. 3 Elementarteilchen der sechziger Jahre

Von der Mitte der dreißiger Jahre bis zur Mitte der siebziger Jahre entdeckten die Physiker, daß neben Proton, Neutron, Elektron und Neutrino eine große Zahl weiterer Teilchen in der Natur existiert. Es wurden das Muon, ein schweres Elektron mit etwa der 200fachen Masse des Elektrons und ein dazugehöriges Neutrino gefunden. Bei den Hadronen gelang der Nachweis eines breiten Spektrums weiterer Teilchen, die sich in zwei Klassen einteilen lassen. Hadronen mit halbzahligem Spin, die man als Baryonen und mit ganzzahligem Spin, die man als Mesonen bezeichnet.

Ein erster Schritt zur Ordnung der Hadronen war möglich, nachdem man experimentell feststellte, daß sowohl in der Gruppe der Mesonen wie auch in der Gruppe der Baryonen einige Teilchen sich gegenüber starken Kräften ähnlich verhalten. So ist etwa die Kraft zwischen Protonen und Neutronen unabhängig vom Ladungszustand dieser Teilchen. Es liegt also nahe, Proton und Neutron als zwei Ladungszustände eines Teilchens, des Nukleons, zu betrachten. Die Ladungsunabhängigkeit wird formal durch eine Quantenzahl, den Isospin I bzw. seine dritte Komponente I_3 charakterisiert. In Prozessen der starken Wechselbeziehung bleibt der Isospin erhalten.

Mit dem tieferen Verständnis der Erscheinungen, die durch die klassische Mechanik beschrieben werden, enthüllte sich der Zusammenhang zwischen den Symmetrieeigenschaften von Raum und Zeit und den Erhaltungssätzen der Mechanik. So folgt aus der Homogenität der Zeit, daß die Gesamtenergie eines mechanischen Systems erhalten bleibt und nicht explizit von der Zeit abhängt, zu der sie bestimmt wird. Der Impulserhaltungssatz folgt aus der Homogenität des Raumes und die Erhaltung des Drehimpulses aus seiner Isotropie.

Die Drehimpulserhaltung folgt aus der Invarianz der Bewegungsgesetze eines Systems gegenüber einer Drehung im Raume. Die Isospinerhaltung bei der starken Wechselwirkung läßt sich formal aus der Invarianz gegenüber einer Drehung in einem fiktiven Isospinraum folgern. Diese Transformation wird durch eine Gruppe unitärer Matrizen dargestellt, die man als SU(2)-Gruppe bezeichnet.

Der glückliche theoretische Griff, der mit der anfangs recht künstlich anmutenden Einführung des Isospinformalismus getan wurde, stimulierte später, als weitere unanschauliche Erhaltungsgrößen entdeckt wurden, auch eine Ausdehnung der Anwendung des ihm zugrundeliegenden mathematischen Apparates – der Theorie der Lieschen Gruppen.

Durch Isospin I charakterisiert

Nukleon		I	I_3
Proton	p	$^1/_2$	$+^1/_2$
Neutron	n	$^1/_2$	$-^1/_2$

Isospinerhaltung:
Invarianz gegenüber Drehung im fiktiven Isospinraum (SU (2) — Transformation).

Abb. 4 Ladungsunabhängigkeit der starken Wechselwirkung

Anfang der sechziger Jahre wurde ein Symmetrieschema zur Klassifizierung der Hadronen, die Unitäre Symmetrie SU (3), vorgeschlagen. Der SU(3)-Gruppe liegt die Beobachtung zugrunde, daß sich die Hadronen in Multipletts zusammenfassen lassen, deren Mitglieder sich in der dritten Komponente des Isospins I_3 und einer weiteren Quantenzahl, der Strangeness S, unterscheiden. Alle Baryonen lassen sich in Singuletts, Oktetts oder Dekupletts und alle Mesonen in Oktetts (bzw. Nonetts) einordnen.

Gell-Mann und Zweig führten im Jahre 1963 zur Erklärung der beobachteten Multiplett-Strukturen der Hadronen drei fundamentalere Bestandteile der Materie – die Quarks – ein. Die Entdeckung einer neuen Klasse von Hadronen in

2 Beispiele:

1) Mesonen - Oktett:

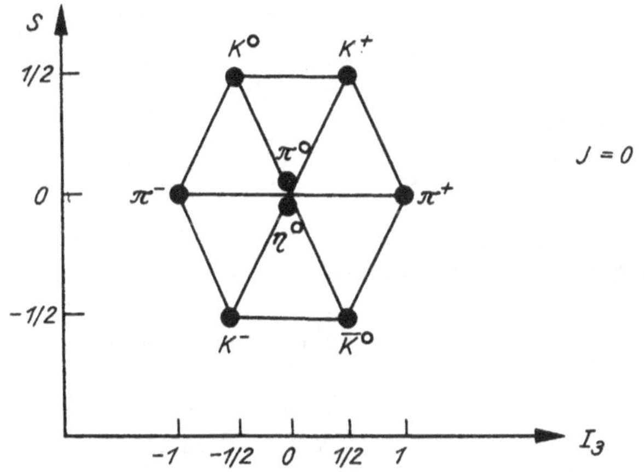

2) Baryonen - Dekuplett:

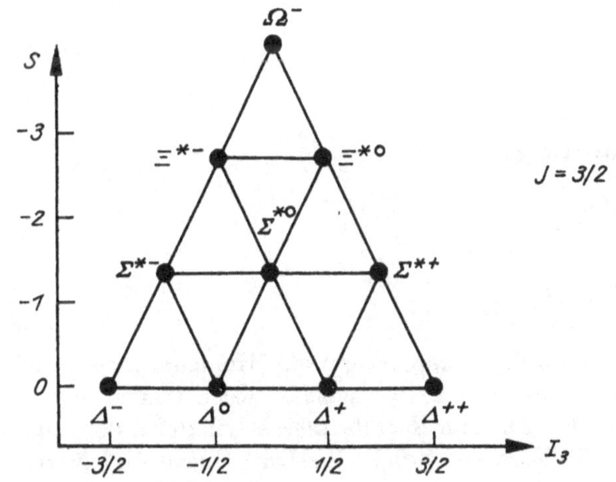

Abb. 5 **Hadronen Multipletts**

der zweiten Hälfte der siebziger Jahre zeigte uns, daß ein vierter Quark in den Hadronen vorhanden ist.

Die Quantenzahlen der Quarks, die ebenso wie die Leptonen den Spin $1/2$ (in Einheiten von $\hbar$) haben, sind in Tabelle 1 zusammengefaßt.

Tabelle 1

Quark	Ladung Q	Isospin I_3	Charm C	Strangeness S
u	+2/3	+1/3	0	0
d	−1/3	−1/3	0	0
c	+2/3	0	1	0
s	−1/3	0	0	−1

Antiquarks $\overline{q}$ unterscheiden sich von den Quarks q dadurch, daß für sie, abgesehen vom Spin, die Vorzeichen der in der Tabelle gegebenen Quantenzahlen umzukehren sind.

Zur Beschreibung der SU(3)-Multiplett-Strukturen wurde die Quarkhypothese formuliert:

Jedes Hadron ist aus Quarks $\overline{q}$ aufgebaut. Mesonen bestehen aus einem Quark und einem Antiquark qq. Baryonen bestehen aus drei Quarks qqq.

Qarkhypothese:

- Mesonen: $q\overline{q}$
- Baryonen: qqq

Colorhypothese:

- Jedes q hat 3 Farben
  (rot, grün, blau)
- $\overline{q}$ tragen komplementäre Farben
  (türkis, malve, gelb)
- Alle Hadronen sind weiß
  Beispiel $p = (u_r\, u_g\, d_b)$

Abb. 6

Es gibt indirekte experimentelle und theoretische Hinweise darauf, daß die Quarks einen weiteren zusätzlichen Freiheitsgrad – Color (Farbe) – besitzen. Es wurde angenommen, daß eine zunächst übersehene Entartung, d. h. eine verborgene Quantenzahl – die Farbe – vorliegt. Die Color-Hypothese läßt sich wie folgt formulieren:

Jedes Quark kommt in drei verschiedenen Farben vor. Antiquarks tragen komplementäre Farben. Alle Hadronen sind weiß, d. h. Farbsinguletts.

Ein ganz anderer, von der Hadronenspektroskopie verschiedener Erfahrungsbereich sind die tiefinelastischen Streuprozesse von Leptonen an Nukleonen. Schießt man sehr hochenergetische Leptonen, also Elektronen, Muonen oder Neutrinos, auf Nukleonen, so erlaubt ihre detaillierte Analyse Rückschlüsse auf eine tiefere Struktur der Hadronen. Die Daten lassen sich auf einfache Weise beschreiben, wenn man annimmt, daß das sehr hochenergetische punktförmige Lepton im Inneren des Hadrons auf einen punktförmigen Baustein trifft, dessen Eigenschaften gerade denen der Quarks entsprechen. Stöße von Leptonen hoher Energie mit Nukleonen fordern zu ihrer Beschreibung das Vorhandensein relativ leichter und schwach aneinander gebundener punktförmiger Quarks mit halbzahligem Spin und einer elektrischen Ladung, die einen Bruchteil der Elektronenladung beträgt.

Die Absicht, die Diskontinuität der Materie auf wenige fundamentale Komponenten zu reduzieren, stimulierte sicher die Quark-Hypothese. Die mehr als 100 Hadronen konnten damit auf vier Basisteilchen zurückgeführt werden. Mit der Quark-Hypothese wird im Grunde der Versuch unternommen, im Bereich der subnuklearen Phänomene die großen Erfolge der Atomphysik der zwanziger Jahre zu wiederholen. Mit Elektron und Atomkern als den fundamentalen Bausteinen und den revolutionierenden neuen Prinzipien der Quantenmechanik gelang seinerzeit die Beschreibung der Atomeigenschaften und der Erscheinungen der Atomspektroskopie. Die gleichen quantenmechanischen Prinzipien wurden in den dreißiger und vierziger Jahren zur Erklärung der kernphysikalischen Erscheinungen herangezogen.

Wir haben keine Garantie dafür, daß beim Vordringen in die Raum-Zeit-Strukturen der Quarks noch die gleichen Grundsätze gültig sind. Nur wenn wir sie an den Erscheinungen im erreichten Grenzbereich der Mikrowelt testen, können wir die Notwendigkeit zur Einführung eines prinzipiell neuen Konzepts prüfen.

Der gegenwärtig erreichte Stand bei der Beantwortung der ersten Frage nach den grundlegenden Beständteilen der Materie führt uns also auf folgendes Schema (Tab. 2):

Tabelle 2

	1. Familie	2. Familie	3. Familie ?
Quarks	u	c	t ?
	d	s	b
Leptonen	ν_e	ν_μ	ν_τ
	e	μ	τ

Hinzu kommen die entsprechenden Antiteilchen, d. h. die Antiquarks $\overline{q}$ und die Antileptonen. Die uns umgebende Materie ist hauptsächlich aus den Teilchen der ersten Familie aufgebaut. Protonen und Neutronen bestehen überwiegend aus u- und d-Quarks. Sie enthalten nur einen kleinen Anteil an $s\bar{s}$- und $c\bar{c}$-Quarkpaaren.

Trotz vieler experimenteller Versuche konnten einzelne Quarks bisher nicht als freie Teilchen nachgewiesen werden. Wir können in Stoßprozessen Atome in Elektronen und Atomionen zerlegen, wir können durch Beschuß von Atomkernen mit hochenergetischen Teilchen die Protonen und Neutronen freisetzen, aber die Beobachtung freier Quarks ist bisher nicht gelungen.

Die Physik der Atomhülle – die Quantenmechanik – lehrte uns, daß in diesem damals neuen Erkenntnisbereich die in vielen Generationen gesammelten Erfahrungen über die Eigenschaften und das Verhalten unserer Umwelt nicht mehr eine angemessene Beschreibung der Mikroobjekte gestatteten. Das Neue erschien ungewöhnlich und widerspruchsvoll.

1) EINSTEINsche Energie-Masse Beziehung

$$E = mc^2$$

$$c = 300\,000 \text{ km/s}$$

Beispiel:

$$e^+ + e^- \longrightarrow \gamma + \gamma$$

2) HEISENBERGsche Unbestimmtheitsbeziehung

$$(\Delta x) \cdot (\Delta p) \geq \hbar$$

$$\text{bzw. } (\Delta t) \cdot (\Delta E) \geq \hbar$$

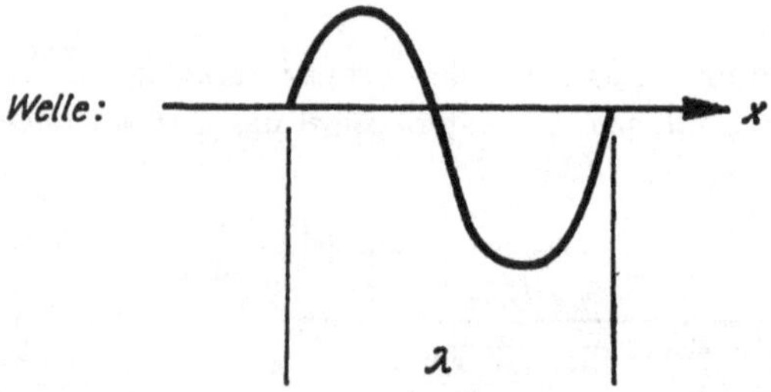

Abb. 7

Eine der neuen Erkenntnisse danken wir der Einsteinschen Relativitätstheorie. Es ist die Beziehung zwischen der Energie E und der Masse M eines Teilchens

$$E = Mc^2 \qquad (1)$$

wobei c die Lichtgeschwindigkeit ist ($c \approx 300\,000$ km/s). Danach ist es möglich, daß in einem Wechselwirkungsprozeß zwischen Teilchen sich Masse und Energie ineinander umwandeln. So tritt eine beobachtbare Vernichtung der Teilchen ein, wenn etwa ein Elektron e^- und sein Antiteilchen, ein Positron e^+, zusammentreffen.

$$e^+ + e^- \rightarrow \gamma + \gamma \tag{2}$$

Elektron und Positron werden vernichtet und es entstehen etwa zwei Photonen, die sich mit Lichtgeschwindigkeit bewegen und deren Ruhemasse Null ist. Wir sprechen von der Teilchenerzeugung und -vernichtung.

Die materiellen Mikroobjekte, häufig von mir als Teilchen bezeichnet, lassen sich durch physikalische Eigenschaften wie beispielsweise Ladung und Drehimpuls charakterisieren. Sie besitzen andererseits jedoch Eigenschaften, die wesentlich verschieden von denen klassischer Objekte sind. In der klassischen Mechanik lassen sich Ort und Impuls bzw. Zeitpunkt und Energie eines Massenpunktes in Raum und Zeit exakt angeben. Durch die Unbestimmtheitsrelation der Quantenmechanik sind Ort bzw. Zeit und Impuls bzw. Energie eines Mikroobjektes so miteinander verknüpft, daß die Unbestimmtheit der einen Größe um so größer wird, je kleiner die Unbestimmtheit der anderen Größe ist.

$$(\Delta x) \cdot (\Delta p) \geq \hbar$$

bzw. (3)

$$(\Delta t) \cdot (\Delta E) \geq \hbar$$

Diese Erkenntnis betrifft das Wesen der Mikroobjekte. Wir haben zu ihrer Beschreibung zwei Begriffe, den des Teilchens und den der Welle. Ein Teilchen ist lokalisiert und hat eine bestimmte Größe. Demgegenüber ist eine Welle über einen Raumbereich ausgedehnt und nicht scharf abgegrenzt (Beispiel Wasserwelle). Welle und Teilchen haben auch Gemeinsamkeiten. Beide können Energie und Impuls aufnehmen, transportieren und wieder abgeben.

Beim experimentellen „Ertasten" der Mikroobjekte stellten die Physiker fest, daß diese teils Teilchen-, teils Welleneigenschaften besitzen und beide Begriffsbilder in den Mikroobjekten untrennbar miteinander verbunden sind.

Es erscheint mir an dieser Stelle angebracht, noch einmal auf die anfangs hervorgehobene Dialektik von Kontinuität und Diskontinuität hinzuweisen. Gerade hier in der Dualität von Welle und Teilchen, dem oft beschworenen Januskopf der Mikrowelt, zeigte sich diese dialektische Kategorie erstmalig als immanentes Attribut der Materie.

Um eine Welle annähernd zu lokalisieren, braucht man einen Raumbereich von der Ausdehnung einer Wellenlänge λ, damit sie als Welle überhaupt erkennbar ist. Wenn aber ein bewegtes Mikroobjekt eine Welle ist, so folgt daraus, daß sein Ort niemals genauer lokalisierbar ist als seine Wellenlänge λ. Die Ortsunschärfe Δx ist gleich der Wellenlänge λ eines Mikroobjektes. Sie ist mit der Impulsunschärfe Δp durch die Heisenbergsche Unbestimmtheitsbeziehung verknüpft. Im Wasserstoffatom besitzt das Elektron eine Wellenlänge von etwa 10^{-8} cm. Dadurch ist die Ausdehnung des Atoms bestimmt.

Mit der Vorstellung einer Welle verbinden wir aus unserer täglichen Erfahrung einen Träger der Welle. Wasserwellen sind an Wasser gebunden und Schallwellen an Luft. Die Physiker des 19. Jahrhunderts suchten daher auch jahrzehntelang den Träger der Lichtwellen, den sie als Äther bezeichneten. Alle experimentellen Bemühungen zu seinem Nachweis sind gescheitert. Einstein befestigte die Einsicht, daß Lichtwellen nicht Schwingungen eines Äthers sind, sondern die wellenförmige Ausbildung eines Etwas, das wir als das elektromagnetische Feld bezeichnen. Das Feld ist die zeitliche Veränderung eines Zustandes des Raumes. Von einem Raum ohne Zustände der Materie zu sprechen, ist daher sinnleer. Da jedoch der Raum in unserer „Haushaltsvorstellung" durchaus als leeres Gefäß, in dem sich materielle Objekte bewegen, erscheint, ist es uns unmöglich, die Ausbreitung eines Raumzustandes ohne das Medium Äther vorzustellen. Daher das jahrzehntelange Bemühen, den Äther zu finden und damit diesen in der Natur selbst liegenden Widerspruch zu beseitigen. Ein Feld ist genauso streng definiert und meßbar wie die Masse oder der Spin und es gehorcht Gleichungen einer exakten Theorie. Es tritt uns in seiner Doppelnatur als Welle in Ausbreitungsvorgängen und als Teilchen in Erzeugungs- und Vernichtungsprozessen gegenüber.

Unsere Vorstellung eines Quantenfeldes und der Dualismus von Welle und Teilchen gingen aus vom elektromagnetischen Feld und dem Photon. Die gegenwärtige Theorie des Feldes geht auf das Ende der zwanziger Jahre zurück. Beim Versuch, die Quantentheorie mit der Relativitätstheorie zu verbinden, stellten die Theoretiker fest, daß alle Teilchen, seien sie massiv oder nicht, jeweils als Quanten eines Feldes aufzufassen sind. Es gibt also nicht nur das elektromagnetische Feld, sondern auch die Felder des Elektrons und des Muons.

Fassen wir zusammen: Alle Materie kann als sich in Raum und Zeit verändernde Zustände – Felder – aufgefaßt werden. Das Feld breitet sich wellenförmig aus und ist in der Lage, Energie, Impuls, Masse, Ladung usw. zu transportieren. Immer wenn ein Teilchen oder Feld erzeugt oder vernichtet wird, geschieht das plötzlich an einem bestimmten Punkt in Raum und Zeit. In den atomaren und subatomaren Bereichen bestätigt sich die materialistische These von der Einheit von Kontinuität (Feld) und Diskontinuität (Erzeugungs- und Vernichtungsprozesse).

Abgeschlossene Theorien, wie es in der klassischen Physik die Newtonsche Mechanik oder die Maxwellsche Elektrodynamik sind, aber auch die Quantenmechanik der zwanziger Jahre beschreiben einen großen Erfahrungsbereich. Für jeden dieser Bereiche gibt es ein exakt formuliertes System von Begriffen und Axiomen, dessen mathematische Konsequenzen offenbar streng gültig sind, solange wir innerhalb der Erfahrungsbereiche bleiben, die mit diesen Begriffen beschrieben werden. Diese Theorien verbinden viele Tatsachen und führen sie auf eine einfache Wurzel zurück. Die Irrtumsgefahr erwies sich als um so geringer, je umfangreicher und vielfältiger die Erscheinungen sind und je einfacher das ihnen gemeinsame Prinzip ist, auf das sie zurückgeführt werden können. Es ist unsere Erfahrung, daß die Einfachheit der Naturgesetze einen objektiven Charakter besitzt. Einfachheit ist nicht im Sinne von Simplizität zu verstehen. Im Gegenteil, je weiter wir uns aus unserer Umwelt entfernen, um so schwieriger fällt uns das Verständnis der geltenden Naturgesetze. Andererseits führt ein vertieftes Verständnis zur Aufdeckung neuer allgemeiner Zusammenhänge. Einfachheit ist hier in dem wohl nur in der deutschen Sprache prägbaren wörtlichen Sinne gemeint. Bisher getrennte Gebiete ordnen sich ein in „ein Fach“.

Im Laufe der Entwicklung der Elementarteilchenphysik wurden viele Versuche unternommen, die Beobachtungen im subatomaren Bereich durch eine geschlossene widerspruchsfreie Theorie zu beschreiben. Ziel solcher Bemühungen ist die Formulierung einer einheitlichen Theorie, die die schwache, elektromagnetische und starke Wechselwirkung umfaßt. Die Hoffnung, diese Aufgabe im Rahmen einer Quantenfeldtheorie zu lösen, beruht auf den Erfolgen der Theorie der Wechselwirkung von Elektronen bzw. Muonen oder besser ihrer Felder mit γ-Quanten, der Quantenelektrodynamik (QED).

Im Vorhergehenden wurde auf die Bedeutung der in der Elementarteilchenphysik wirkenden Symmetrien und der damit verbundenen Erhaltungssätze hingewiesen. In den Symmetrien bzw. ihren Verletzungen kamen Eigenschaften der Basisteilchen und ihrer Wechselwirkungen zum Ausdruck, die von einer dynamischen Theorie berücksichtigt werden müssen.

Die SU(2)-Symmetrie und die für die Klassifikation der Hadronen und damit für das Quarkmodell so bedeutsame SU(3)-Symmetrie stellen – wie schon erwähnt – Invarianzen in einem abstrakten, nicht mit der Raum-Zeit-Struktur verbundenen mathematischen Raum dar. Die Interpretation solcher inneren Symmetrien als lokale Eichinvarianzen, die dadurch mit dem Raum-Zeit-Kontinuum in Beziehung gesetzt werden, führte in den letzten Jahren zu bemerkenswerten Fortschritten. Mittels einer Eichtheorie gelang die einheitliche Zusammenfassung der elektromagnetischen und der schwachen Wechselwirkungen. Um auch die Theorie der starken Wechselwirkung als Eichtheorie zu formulieren, entstand in den letz-

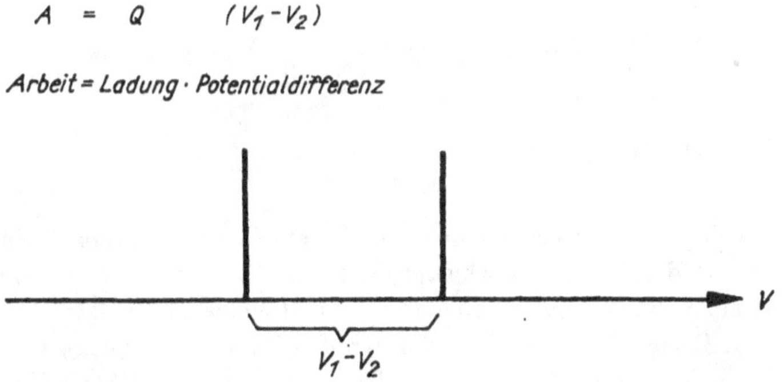

Abb. 8 Eichinvarianz am Beispiel des elektrischen Potentials

ten Jahren die Quantenchromodynamik (QCD), die die eichinvariante Kopplung von hypothetischen Gluonfeldern an Quarkfelder beschreibt.

Die Quantenelektrodynamik (QED) beschreibt die Wechselwirkung des elektromagnetischen Strahlungsfeldes mit dem Feld der Elektronen bzw. Muonen. Charakteristisch für diese Quantenfeldtheorie ist, daß ihre Feldgleichungen sich als invariant gegenüber einer lokalen Transformationsgruppe U(1) einer Eichtransformation erweisen.

Diese Art der Eichinvarianz läßt sich am Beispiel des elektrischen Potentials plausibel machen. Ein Potential beschreibt bekanntlich die Möglichkeit, durch eine Kraft Arbeit zu leisten. Ein absolutes Nullpotential wäre dann der Punkt, wo es diese Möglichkeit nicht gäbe. Ein elektrisches Nullpotential gibt es nun in der Tat nicht, denn meßbar sind nur Kräfte, die durch Potentialdifferenzen (Spannungen) bestimmt sind. Die Kräfte verhalten sich daher eichinvariant gegenüber dem Ausgangswert des Potentials (siehe Abb. 8).

Um die Wirkungsweise der elektromagnetischen Kraft in der QED zu verstehen, betrachte ich als Beispiel die elastische Streuung zweier Elektronen.

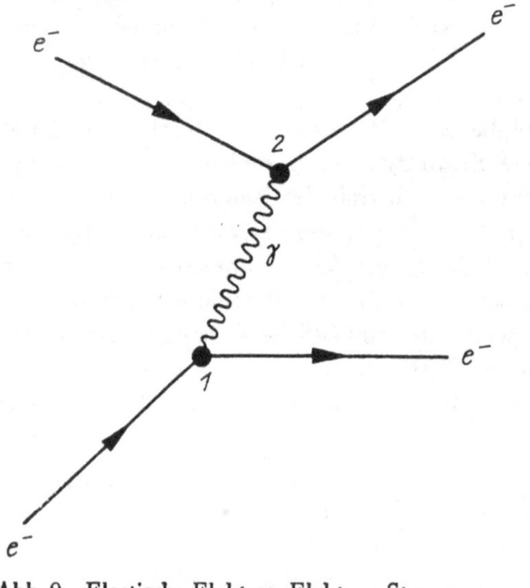

Abb. 9 Elastische Elektron-Elektron Streuung

Ein Elektron, oder besser ein Elektronenfeld, sendet am Raum-Zeitpunkt 1 ein Photon aus und ändert dabei seine Geschwindigkeit und Richtung. Das andere Elektron absorbiert am Raum-Zeitpunkt 2 das Photon und ändert seine Geschwindigkeit und Richtung. Beide Elektronen haben durch den Photonenaustausch eine elektromagnetische Kraft aufeinander ausgeübt. Die eigentliche Wechselwirkung fand also nicht zwischen den beiden Elektronen statt, sondern jeweils zwischen einem Elektron und einem Photon. Jedes Elektron tritt lokal, d. h. am Raum-Zeitpunkt 1 oder 2 mit einem Photon in Wechselwirkung.

Die Emission eines Photons durch ein im Raum ruhendes Elektron oder die Erzeugung eines Elektron-Positron-Paares durch ein niederenergetisches Photon widersprechen den Erhaltungssätzen von Energie und Impuls. Wegen der Gültigkeit der Heisenbergschen Unbestimmtheitsrelation ist die Natur jedoch bereit, beschränkte Verletzungen von Energie und Impulserhaltung vorerst hinzunehmen. Eine Energieverletzung um ΔE ist möglich, wenn sie innerhalb eines genügend kurzen Zeitintervalls Δt zurückgenommen wird, so daß die Unbestimmtheitsbeziehung (ΔE) · (Δt) $\geq$h gilt. Die kurzzeitige Verletzung der Energie- bzw. Impulserhaltung erlaubt, daß Teilchen virtuell, d. h. nicht meßbar, aus dem Vakuum entstehen und wieder verschwinden.

Beispiele:

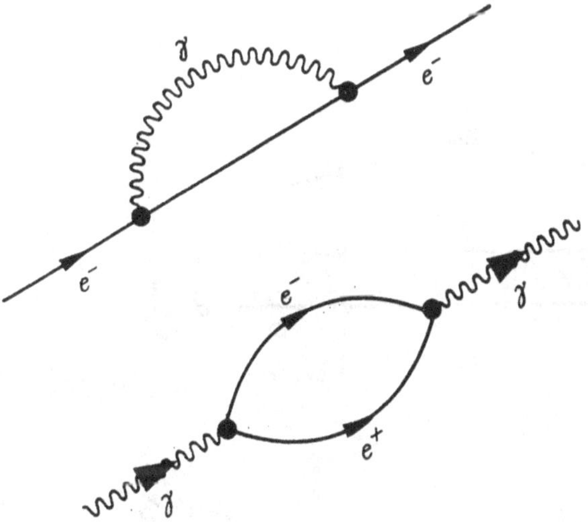

Abb. 10

Graphischen Bildern dieser Art lassen sich mathematische Ausdrücke zuordnen. Jeder der vielen möglichen Graphen liefert einen exakt berechenbaren Beitrag zum elektromagnetischen Verhalten von Teilchen. Um Ihnen eine Vorstellung von der außerordentlichen Leistungsfähigkeit dieser Eichfeldtheorie zu vermitteln, möchte ich als Beispiel die Anomalie a_e des magnetischen Moments des Elektrons anführen:

Theorie: $a_e = 0{,}001159652410$ (200)

Experiment: $a_e = 0{,}001159652359$ (282)

Der Physik-Nobelpreis dieses Jahres ging vor wenigen Tagen an die Hochenergiephysiker Glashow, Salam und Weinberg für ihren Beitrag zur Formulierung einer einheitlichen spontan gebrochenen Eichfeldtheorie der elektromagnetischen und der schwachen Wechselwirkung.

Eine Eichfeldtheorie der schwachen Wechselwirkung geht davon aus, daß die sehr kurzreichweitige schwache Kraft durch den Austausch von Quanten des schwachen Feldes — Weakons W^+, Z^0, W^- — zustande kommt. Zwei Beispiele schwacher Prozesse sind:

Die Streuung eines Neutrinos an einem Quark (Abb. 11a).

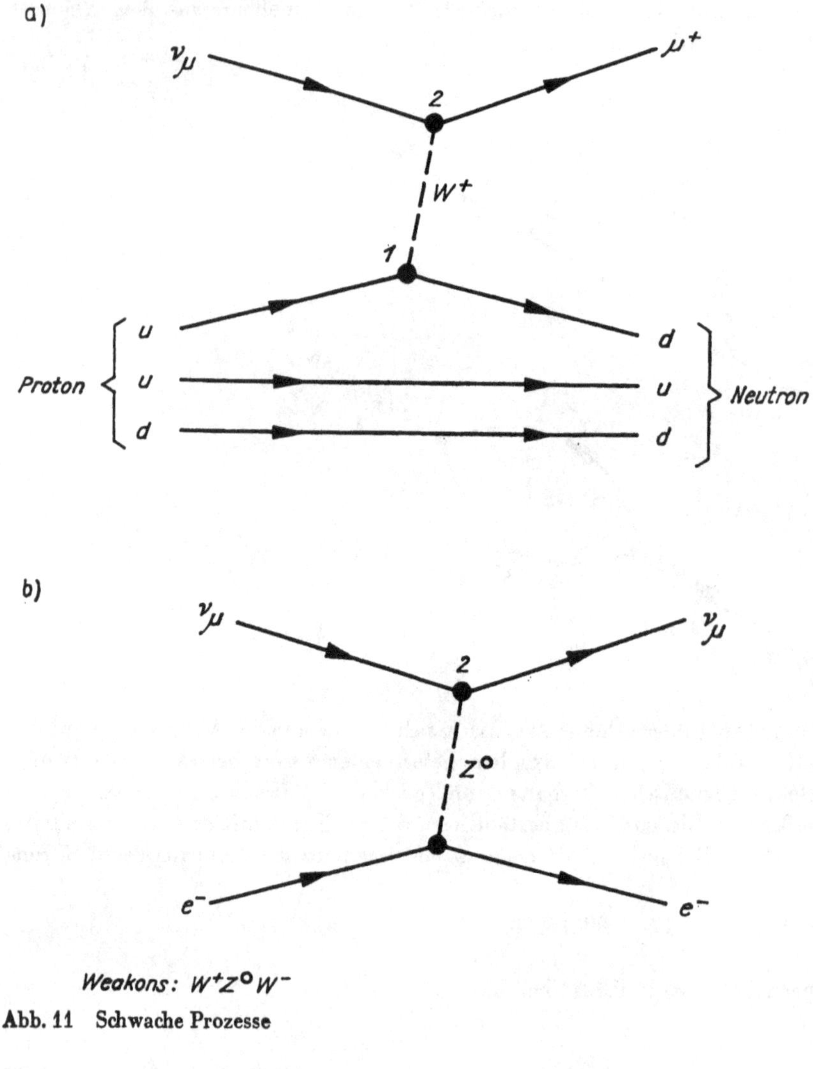

Abb. 11 Schwache Prozesse

Ein u-Quark emittiert ein W^+-Quant am Raum-Zeitpunkt 1, das durch ein Neutrino am Raum-Zeitpunkt 2 absorbiert wird, wobei das Neutrino verschwindet und ein Muon entsteht.

Die elastische Neutrino-Elektron-Streuung (Abb. 11b).

Das Elektron emittiert am Raum-Zeitpunkt 1 ein Z^0-Quant, das am Raum-Zeitpunkt 2 absorbiert wird.

Der Versuch einer Theorie der schwachen Wechselwirkung in Analogie zur QED und darüber hinaus die Vereinigung beider zu einer Theorie, die die QED als einen Teil enthält, stieß auf einige erhebliche Schwierigkeiten.

Um nur eine zu nennen: Das die elektromagnetische Kraft vermittelnde Feldquant, das Photon, bewegt sich mit Lichtgeschwindigkeit und besitzt die Ruhemasse Null, während die die schwache Wechselwirkung vermittelnden Quanten,

a)

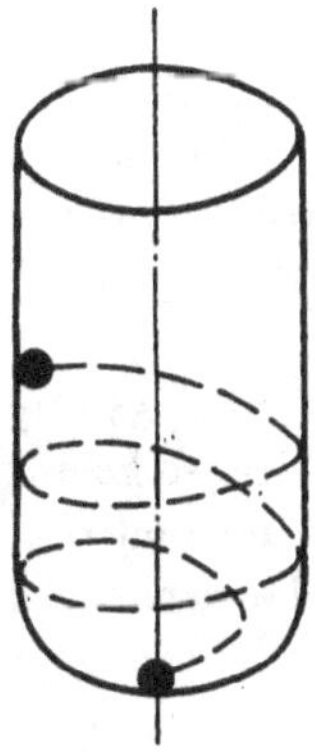

b)

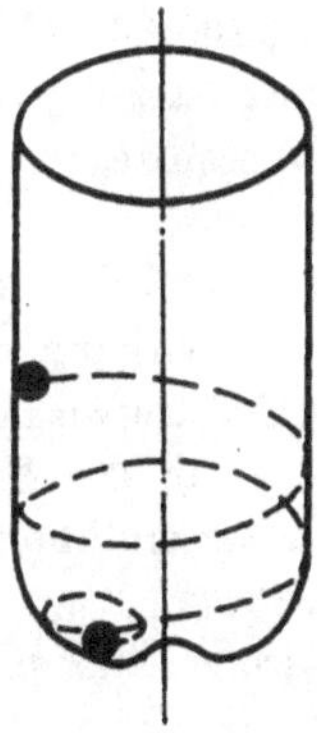

Abb. 12 Gebrochene Symmetrie

die Weakons $W^{\pm}$ und Z^0, eine Ruhemasse von etwa 80 Protonenmassen wegen der kurzen Reichweite der schwachen Kraft haben sollen.

Die Frage, mit welchen Erhaltungsgrößen in einer Quantenfeldtheorie der schwachen Wechselwirkung die Eichinvarianz zu verknüpfen ist, wurde durch die Einführung des schwachen Isospins und der Interpretation seiner Invarianz als lokale Eichinvarianz gelöst. Um jedoch massive Weakons zu erhalten, muß die SU(2)-Eichsymmetrie gebrochen werden.

Der Idee von Weinberg und Salam folgend, läßt sich in einer einheitlichen lokalen und eichinvarianten Theorie die elektromagnetische und schwache Wechselwirkung zusammenfassen. Dazu sind für die U(1)-Transformation ein Eichfeld und für die SU(2)-Transformation drei Eichfelder einzuführen. Damit nun drei der Eichfelder massiv werden, ohne die Eichinvarianz der Feldgleichungen zu verletzen, muß ein weiteres Feld (Higgs-Feld) eingeführt werden. Die in den uns bisher zugänglichen Energiebereichen beobachtete Differenz in der Stärke der schwachen und der elektromagnetischen Wechselwirkung ist auf die Symmetriebrechung zurückzuführen. Auch wenn eine Theorie von vornherein einen hohen Grad an Symmetrie besitzt, so müssen nicht notwendig die durch die Theorie beschriebenen Grundzustände (Teilchen) diese Symmetrie besitzen. Diese paradoxe Feststellung wurde von Weinberg durch folgendes Beispiel veranschaulicht.

Eine kleine Kugel läuft in einem zylindrischen Becher um. Axialsymmetrie sei also die spezifische Symmetrie unseres Beispiels. Die Kugel kommt in der Symmetrieachse des Bechers zur Ruhe. Würde sie an einem anderen Ort zur Ruhe kommen, so wäre durch diese Lösung des Problems die Symmetrie verletzt (Abb. 12 a).

Betrachten wir einen anderen zylindrischen Becher mit einem eingedrückten Boden. In diesem Becher kommt die Kugel stabil nur außerhalb der Symmetrieachse zur Ruhe. Das heißt symmetrische Probleme können jedenfalls in ihren Grundzuständen stabile asymmetrische Lösungen haben. Man soll die so gebrochene Symmetrie vielleicht besser als eine verdeckte Symmetrie betrachten, da sie ja tatsächlich vorhanden ist und verschiedene Voraussagen gestattet (Abb. 12 b).

Die einheitliche Eichtheorie der schwachen und elektromagnetischen Wechselwirkung erlaubt eine große Zahl experimentell prüfbarer Voraussagen, die bisher alle in Übereinstimmung mit den Daten sind.

Nach den Erfolgen der einheitlichen Theorie der elektromagnetischen und der schwachen Wechselwirkung stand auch für die starke Wechselwirkung die Aufgabe, eine Eichfeldtheorie zu formulieren. Das wurde mit der Entwicklung der Quantenchromodynamik (QCD) annähernd erreicht, wobei allein der Umstand, sie in der Form einer Eichtheorie zu konstruieren, einen wesentlichen Anteil an ihrer Reputation bei den Hochenergiephysikern ausmacht.

Wie die experimentelle Erfahrung zeigt, treten die Hadronen nur als Farbsinguletts auf. Die Quarks transformieren sich hinsichtlich der Farbe wie eine SU(3)-Gruppe, die wir mit $SU(3)_c$ bezeichnen wollen. Wir besitzen keine experimentellen Hinweise – „farbige“ Zustände wurden nicht beobachtet –, daß die $SU(3)_c$-Symmetrie durch die starke Wechselwirkung gebrochen wird. Die $SU(3)_c$-Gruppe ist daher als exakt gültige Symmetrie zu betrachten.

Die $SU(3)_c$-Invarianz wird nun wie im Falle der $SU(2) \otimes U(1)$-Gruppe als lokale Eichinvarianz aufgefaßt. Da die $SU(3)_c$-Invarianz exakt erfüllt ist, ist ein 8-komponentiges masseloses, Feld g_i als lokales Eichfeld einzuführen. Die g_i bezeichnet man als Gluonen, ein Begriff, der ihre Bedeutung für die Quarkbindung zum Ausdruck bringt.

Die Gluonen kommen in acht Farbladungsvarianten vor. Sie können einzeln selbst ebensowenig wie die Quarks als freie Teilchen in Erscheinung treten, da gemäß der Colorhypothese alle Hadronen nur als Farbsinguletts auftreten.

Die QCD muß, um eine physikalische brauchbare Theorie zu sein, zwei durch das Experiment geforderte Bedingungen berücksichtigen.

1. Die Tatsache, daß Quarks und Gluonen als freie Teilchen bisher nicht nachgewiesen werden konnten (Confinement).

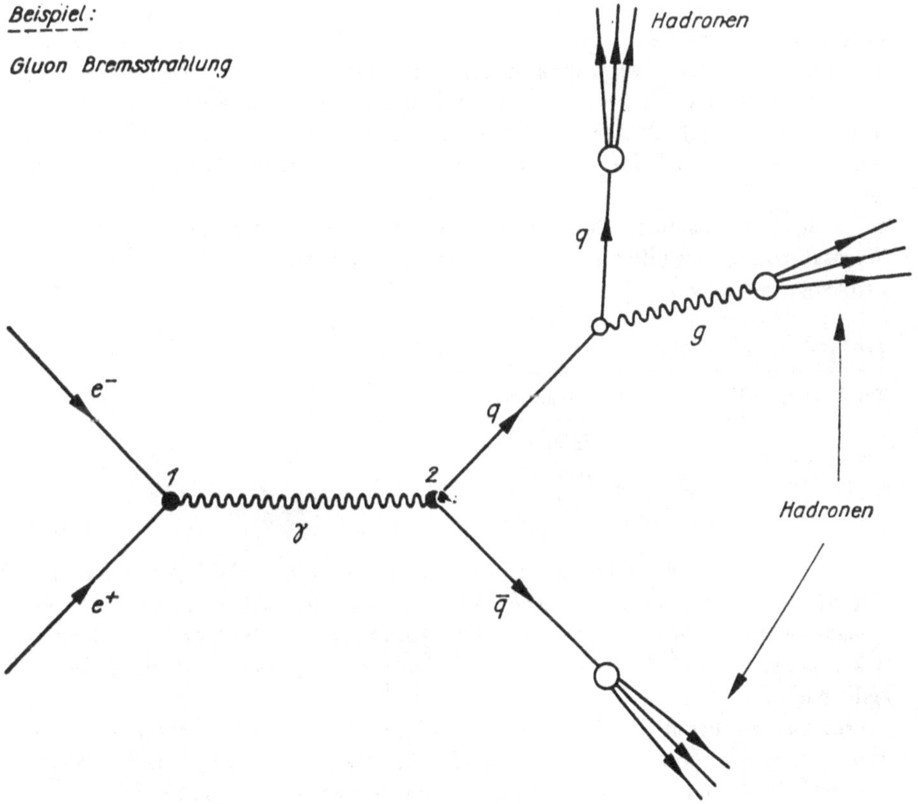

Abb. 13 Starke Prozesse

Das wird eben durch die Colorhypothese nur beschrieben. Die QCD liefert jedoch keinen dynamischen Grund für die Gefangenschaft von Quarks und Gluonen. Das ist eine ernste Unzulänglichkeit der QCD. Erst nach der Lösung dieses Problems ist die Quantenchromodynamik als eine befriedigende Feldtheorie zu betrachten.

2. Das Verhalten der Quarks bei der tiefinelastischen Streuung.

Bei sehr großen, im Stoß übertragenen Viererimpulsen verhalten sich die Quarks wie freie punktförmige Fermionen. Die Quark-Quark- bzw. Quark-Gluon-Wechselwirkung wird mit wachsender Energie asymptotisch immer schwächer. Quarks und Gluonen sind bei extrem großen Impulsübertragungen als freie Teilchen zu betrachten. Diese Eigenschaft bezeichnet man als asymptotische Freiheit. Im Gegensatz zum Confinement fügt sich die asymptotische Freiheit gut in den Rahmen der QCD ein.

Es besteht die begründete Hoffnung, mit dieser Eichfeldtheorie die beobachteten Verhaltensweisen der Quarks beschreiben zu können. Zur Zeit kann man es jedoch keineswegs als gesichert ansehen, daß die Quark-Wechselwirkungen durch die QCD mit masselosen, Farbladung tragenden Gluonfeldern und den Farben der Quarks als deren Quelle richtig beschrieben werden. Gegenwärtig verfügen wir weder über schlüssige experimentelle Teste der QCD, noch ist die zentrale Frage der Theorie, die Dynamik des Quark-Confinements, gelöst. Bemerkenswert ist jedoch der experimentelle Hinweis auf eine Gluon-Bremsstrahlung, die kürzlich bei der Untersuchung der e^+e^--Annihilation beobachtet wurde (siehe Abb. 13).

Zu den drei Familien der Quarks und Leptonen müssen wir also die ihre Wechselwirkung vermittelnden Feldquanten hinzufügen, die alle den Spin 1 haben (Vektormesonen).

Tabelle 3

Fundamentale Kraft	Feldquanten
elektroschwach	{1 Photon γ + 3 Weakons $W^\pm$, Z^0
stark	8 Gluonen g_i

Der Fortschritt auf dem Gebiet der Elementarteilchenphysik vollzieht sich langsam. Es wird immer deutlicher, daß sich auf der tiefsten Ebene unseres physikalischen Materieverständnisses die Symmetrie, die Existenz von Elementarkomponenten und ihre Dynamik einander auf komplizierte Art wechselseitig bedingen.

Prozesse, zu deren Beschreibung sich die Einführung der Quarks als notwendig erwies, werden beherrscht durch abstrakte, auf ungewöhnliche Weise mit der Raum-Zeit-Struktur verknüpfte Symmetrien wie etwa die Isospin-Invarianz und die SU(3)-Symmetrie. Sie führen nicht mehr wie beim Atom und beim Kern zu augenfällig symmetrischen Raumstrukturen. Sie liefern abstrakte, nur mathematisch beschreibbare Strukturen, die wie beim Periodensystem der Elemente zur Systematisierung der in der Natur auftretenden Zustände in Teilchenmultipletts führen.

Ob diese Erkenntnisse zu einer Vertiefung unserer Vorstellungen von der Raum-Zeit-Struktur selbst führen, ist unklar. Die Lösung dieser Frage ist aber außerordentlich wichtig, denn die Materie existiert in Raum und Zeit. Die erfolgreichen Schritte zur Behandlung dieses Problems, die in den letzten Jahren dadurch erreicht wurden, daß man die mit den abstrakten Symmetrien verknüpften Transformationen als orts-zeitabhängige Eichtransformationen auffaßt, mögen ein erster Schritt zur Lösung dieser Frage sein.

In der renormierbaren Quantenelektrodynamik, die das elektromagnetische Feld mit den Feldern der Elektronen bzw. Muonen verknüpft, wobei die Felder den Regeln der speziellen Relativitätstheorie und der Quantenmechanik unterliegen, steht uns eine Eichfeldtheorie zur Verfügung, die in beeindruckender Weise durch die Experimente bestätigt wird. Die QED gab uns darüber hinaus qualitativ neue Einsichten in die Natur des Vakuums, d. h. der Grundzustände einer Feldtheorie. Wie wir sahen, läßt sich etwa die Wechselwirkung zwischen Elektronen durch den Austausch virtueller Feldquanten beschreiben. Die Emission, die Bewegung und die Absorption des virtuellen γ-Quants ist mit einer zeitweiligen Verletzung von Energie- und Impulserhaltung verbunden. Die Verletzung wird durch die Heisenbergsche Unbestimmtheitsrelation erlaubt.

Nach der Entdeckung der elektromagnetischen Strahlung und der Atomstruktur der Materie betrachten wir das Vakuum als einen Zustand ohne reale Teilchen und Strahlung. In der Quantenfeldtheorie wird die Erzeugung und Vernichtung virtueller, also erperimentell nicht direkt nachweisbarer Teilchen bestimmend für die Wechselwirkung. Das heißt Vakuum-Fluktuationen sind Bestandteil der elektrischen Kraft. Das Vakuum hat eine verborgene komplizierte dynamische Struktur durch die Existenz der elektromagnetischen Wechselwirkung. Sie wird offenbar, wenn das Vakuum gestört wird.

Lassen Sie mich zusammenfassen: Der große Fortschritt im Verständnis der fundamentalen Kräfte der Natur gelang in den siebziger Jahren mit der einheitlichen Theorie der elektromagnetischen und schwachen Wechselwirkung. In dieser Theorie ist, wie wir gesehen haben, die Eichinvarianz derart gebrochen, daß vier verschiedene Feldquanten auftreten. Da drei dieser Quanten des einheitlichen Feldes offenbar eine sehr große Masse besitzen, erscheint der mit ihnen verknüpfte Teil der Wechselwirkung, eben die schwache Wechselwirkung, bei den gegenwärtigen niederen Energien als etwas von der elektromagnetischen Wechselwirkung seinem Wesen nach verschiedenes. Bei extrem hohen Energien ($\gg$ 100 GeV) sollte sich aber ihr einheitlicher Charakter augenfällig offenbaren. Hier sollten sich die Vektormesonen nahezu wie masselose Teilchen verhalten und die schwache Kraft die gleiche Stärke besitzen wie die elektromagnetische Kraft. Die spontane Symmetriebrechung zeigt, daß eine Theorie eine innere

Symmetrie besitzen kann, ohne daß die durch die Theorie beschriebenen Zustände diese Symmetrie zeigen. Die experimentelle Verifizierung der Weinberg-Salam-Theorie ist beeindruckend, wenn auch der experimentelle Nachweis der Weakons und des Higgs-Mesons noch aussteht.

Mit der Quantenchromodynamik haben wir zur Beschreibung der starken Wechselwirkung eine weitere Eichtheorie kennengelernt. Sie postuliert die Existenz von acht Farbladung tragenden masselosen Gluonen als Feldquanten. Die gute Übereinstimmung zwischen den störungstheoretischen Näherungen der QCD für näherungsweise asymptotisch freie Prozesse und den Experimenten der e^+e^--Annihilation bei hohen Energien bzw. der tiefinelastischen Lepton-Hadron-Streuung sind ermutigende Hinweise. Es ist denkbar, wenn auch unbewiesen, daß bei großen Abständen die Wechselwirkung zwischen den Quarks unendlich stark wird (Confinement), so daß sie als freie Teilchen nicht existieren können. Bemerkenswert ist die kürzlich erfolgte experimentelle Verifizierung der Gluonemission durch Bremsstrahlung.

Die Einsichten in die Mikrostruktur der Materie, zu denen wir im zurückliegenden Jahrzehnt gelangten, führten uns dazu, die Quarkpaare (u, d); (c, s) und (t (?), b) bzw. die Leptonenpaare (ν_e, e); (ν_μ, μ) und (ν_τ (?), τ) – oder besser gesagt ihre Felder – als die eigentlichen Basisteilchen zu betrachten, deren Wechselwirkungen durch Vektormesonen, in der starken Wechselwirkung durch die Gluonen und in der elektroschwachen Wechselwirkung durch die Weakons $W^{\pm}$, Z° und das Photon vermittelt werden.

Durch dieses Bild, so faszinierend und widersprüchlich es erscheint und obwohl alle bisherigen Experimente es bestätigen, ist kein Abschluß in der Erkenntnis der Mikrowelt erreicht.

Ich glaube, daß es am Beispiel der von mir dargestellten Entwicklung deutlich geworden ist, wie die Einheit der Physik letzthin eine Einheit von Mannigfaltigkeiten ist, die die Gegensätze innerhalb dieser Wissenschaft selbst – Kontinuum und Diskontinuum, Feld und Teilchen – keineswegs aufhebt. Ein nie abgeschlossener Prozeß wird nicht durch eine langweilig abstrakte Gleichförmigkeit ersetzt. Jede wissenschaftliche Bemühung um die Erkenntnis der Einheitlichkeit der Natur läßt die in ihr wirkenden Gegensätze deutlicher, farbiger und ich darf wohl sagen, spannender zu Tage treten. Nur so eigentlich ist Wissenschaft, wie Marx sagt, „als allgemeine Arbeit“ erst möglich, bei der „zur Wahrheit nicht nur das Resultat gehört, sondern auch der Weg“.

Ich möchte meinem Freund und Kollegen Prof. Dr. U. Kundt für seine Hinweise bei der Abfassung des Vortrages danken.

Robert Rompe

Erinnerungen an Max von Laue — zum 100. Geburtstag

Eine der markantesten Persönlichkeiten der Berliner Akademie seit den 20er Jahren war Max von Laue. Nobelpreisträger 1914 – vor Max Planck (1917) und Albert Einstein (1921) – für das gemeinsam mit W. Friedrich und H. Knipping durchgeführte Experiment der Beugung der Röntgenstrahlen an Kristallen, durch das gleichzeitig die Wellennatur der Röntgenstrahlung und die Existenz der Ionen im Gitter nachgewiesen wurde.

Seine grundlegende wissenschaftliche Leistung ist erstrangig – seine Beiträge zur Wellenoptik, zur Theorie der Supraleitung und zu vielen anderen Gebieten der Physik haben bleibenden Wert. Er verfaßte bereits frühzeitig ein außerordentlich wertvolles Buch über die Einsteinsche Relativitätstheorie, welches ganz erheblich dazu beigetragen hat, die Ideen durchzusetzen.

An seinem 80. Geburtstag verlieh ihm unsere Akademie ihre höchste Auszeichnung, die Helmholtz-Medaille; eine Auszeichnung, deren er als die schönste seines Lebens bezeichnet hat.

Ein Jahr nach seinem Tode, im April 1961, hat die Klasse Physik in unserem Plenarsaal seiner gedacht. Zahlreiche Physiker haben gesprochen, das „Spektrum" hat die Ansprachen von W. Friedrich und von mir abgedruckt. Ich möchte nicht wiederholen, was damals gesagt wurde. Vieles gilt auch heute noch, manches sehen wir heute tiefer.

Ich möchte hier nicht so sehr auf den Physiker Max von Laue und sein bemerkenswertes Werk eingehen; das geschieht in diesem Jahr durch zahlreiche Beiträge, die bereits erschienen oder noch in Vorbereitung sind. Ich möchte ein Bild Max von Laues zeichnen, wie er mir in der Zeit zwischen 1928 bis etwa 1960, also über drei Dezennien, immer wieder begegnet ist, mit dem ich zu tun hatte innerhalb und außerhalb physikalischer Belange.

Laue war bei aller seiner Zurückhaltung und Bescheidenheit im Laufe der Jahre ein Mentor der Wissenschaft geworden, dessen Autorität weit über Universitäten und Akademie, und sogar über Landesgrenzen hinweg reichte. Ich nehme an, daß der – verständliche – Einfluß, den Laue auch auf die physikalisch orientierte Großindustrie in Deutschland hatte, nicht allein und so sehr auf seine Qualitäten als Physiker zurückging, als auf seine gesamte Haltung der

Wissenschaft gegenüber, seine Unbestechlichkeit und sein Mut, auch Mächtigen der kapitalistischen Wirtschaft und Politik entgegenzutreten, wenn die Interessen der Wissenschaft es forderten.

Der Einfluß Laues in der Großindustrie, ich habe naturgemäß in erster Linie die elektrotechnisch-elektronische Industrie im Auge, hing wohl damit zusammen, daß sich damals in den 20er Jahren unseres Jahrhunderts die Nutzung bedeutender Ergebnisse der modernen Physik in der Industrie zu entfalten begann. Die Erkenntnisse der Quantenphysik drangen in die Physik des festen Zustandes, in die Plasmaphysik ein und lieferten überraschend die Aufklärung von bis dahin unverstandener Zusammenhänge. Die Röntgenstrukturanalyse entfaltete sich als mächtiges Werkzeug der Materialforschung. So entwickelten sich die großen Laboratorien der monopolistischen Industrie, wobei überall die bahnbrechenden Arbeiten Laues und seiner Mitarbeiter auf dem Gebiete der Röntgenstrukturforschung u. a. Anwendung fanden. Zudem lag die wissenschaftliche Leitung dieser Laboratorien meistens in den Händen bedeutender Wissenschaftler, die unmittelbar Schüler der Berliner Physiker und Akademiemitglieder wie Warburg, Rubens, Planck, Laue u a. waren.

So wie Max Planck wurde Laue in den frühen 20er Jahren Mitglied der Deutschen Volkspartei, der Partei Gustav Stresemanns.

Ich glaube, daß jenes Memorandum, das während des 1. Weltkrieges Planck, Erman und Delbrück als Entgegnung auf die berüchtigte Schrift von Wilamowitz-Möllendorf verfaßt haben, welche die annexionistischen Ziele des preußisch-deutschen Militär-Industrie-Komplexes drastisch formulierte, hierbei eine Rolle gespielt hat. In diesem von Planck, Einstein und Delbrück abgefaßten Gegenmemorandum wird vor Annexionspolitik gewarnt und ein friedlicher Weg zur Sicherung des wirtschaftlichen Einflusses des Deutschen Reiches empfohlen. Ihre Haltung gegenüber der UdSSR entsprach etwa der späteren Politik von Rapallo.

So wurde Laue, gemeinsam mit Planck und Einstein, auch der Verfechter einer Zusammenarbeit mit der Petersburger Akademie, der späteren Akademie der Wissenschaften der UdSSR, die ihn 1924 zum Korrespondierenden und 1929 zum Ehrenmitglied wählte.

Man kann Laue als Repräsentanten des „Establishments" ansehen, als Sohn eines Militärbeamten im Generalsrang, der den Kapitalismus in seiner monopolistischen Form als schicksalhafte Unvermeidlichkeit der menschlichen Gesellschaft ansah – schicksalhaft etwa im Sinne der Darwinschen Evolution – und der gerade deswegen so empfindlich war gegen seine Ausartungen und Auswüchse, sei es die wachsende Macht der Monopole in der Wissenschaft, aus der sie immer wieder und mit immer neuen Methoden ein Geschäft machten, sei es vor allem das barbarische faschistische Regime nach 1933.

So ist wohl sein Verhältnis zur Sowjetunion, und was mich persönlich immer wieder erstaunt hat, zu Kommunisten verständlich: Sie waren für ihn Leute, die die Entschlossenheit und den Mut aufbrachten, gegen ein auch von ihm als tragisch[1] empfundenes Schicksal der Menschheit anzukämpfen – und echte Erfolge zu erringen. Das Aufblühen des jungen Sowjetstaates begrüßte er deshalb, so wie Planck und Einstein, mit tiefer menschlicher Befriedigung.

Laues Auftreten in der Akademie der Wissenschaften in der Zeit von 1933 bis 1945 ist Gegenstand historischer Forschung geworden[2]. Es verdient ergänzend erwähnt zu werden, daß er in vielen Fällen Verfolgten der faschistischen Diktatur unter Einsatz seiner Person geholfen hat, so z. B. seinem Assistenten, F. Möglich, den er eigenhändig in seinem Auto nach Prag fuhr, als Möglich wegen Verweigerung der Befolgung einer Anordnung von Goebbels verhaftet werden sollte.

Bekanntlich wurde Laue 1945 zusammen mit Hahn, Heisenberg und einigen jüngeren Kernphysikern in England interniert. Nach seiner Rückkehr erhielt er Einladungen nach den USA. Dort traf er u. a. Otto Stern, den ich kurze Zeit danach sprach. Stern sagte mir: „Grüßen Sie Laue; er möchte, daß ich bald Deutschland besuche. Erklären Sie ihm bitte, daß ich ihm jederzeit die Hand gebe, aber vielen anderen nicht geben kann. Ich habe über 30 Angehörige in den NS-Lagern verloren. Ich mag nicht mehr in dieses Land zurückkommen."

Als Laue aus den USA – vorzeitig – zurückgekehrt war, sagte er mir auf meine Frage nach seinen Eindrücken: Ein schreckliches Land. Dort wo es schön ist, (er meinte an der kalifornischen Küste) ist entweder eine hohe Mauer und eine Tafel „Privatgrundstück – betreten verboten" oder Stacheldraht und eine Tafel „Vorsicht Klapperschlangen". Im übrigen sei es in gewisser Hinsicht schlimmer als in der NS-Zeit. Da war es doch die Regel, daß in der Familie geschimpft werden konnte, ohne daß die zufällig anwesende alte Tante denunzierte; in den USA dagegen denunzierten die alten Tanten. Das war am Beginn der Mac-Carthy-Aera. So war es nur natürlich, daß Laue den Apell von Hahn und Heisenberg gegen den Massenexport junger Physiker nach den USA unterstützte — wie später den Göttinger Appell der Achtzehn und den Kampf um die Beendigung der Atomexperimente in der freien Atmosphäre. Während der Feierlichkeiten zum 100. Geburtstag Max Plancks hielt er 1958 in Westberlin auf einem Meeting der Atomgegner „Kampf dem Atomtod" eine eindrucksvolle Rede.

Für Laue waren die DDR und die BRD eine Realität, als verständliche Auswirkungen der Hitlerherrschaft und ihres Zusammenbruchs, er hat den historischen Sinn der Gründung der DDR niemals verkannt.

Als Anfang der 50er Jahre die Physikalische Gesellschaft in der DDR ihre Tätigkeit aufnahm, wurde vom „Verband deutscher Physikalischer Gesellschaften" in der BRD (Bayern, Niedersachsen, Nordrhein-Westfalen) der Vorschlag gemacht, sie möge dem Verband beitreten. Der Vorstand unserer Physikalischen Gesellschaft war dagegen, es gab aber zahlreiche Mitglieder, die für den Anschluß waren. Hier erwies sich Laues Hinweis als außerordentlich wertvoll, der

---

[1] Tragisch im Sinne Tschernyschewski: „Das Tragische ist das ‚Schreckliche' im Leben."
[2] Ich verweise nur auf das treffliche Buch von W. Hartkopf.

dringend abriet sich dem Verband anzuschließen. Nach seiner Einschätzung würden sich die beiden deutschen Staaten doch so divergierend entwickeln, daß eine Berechtigung für eine einheitliche physikalische Gesellschaft nicht mehr gegeben war. Er hat damit unserem Vorstand auf dem Wege zur Physikalischen Gesellschaft der DDR wirksam geholfen. Seine Loyalität gegenüber der DDR äußerte sich in seiner regelmäßigen Teilnahme an der Arbeit unserer Akademie. Er war ein häufiger Gast der Plenumssitzungen. So sprach er in der Plenumssitzung vom 10. 11. 1955 über „Einstein und die Relativitätstheorie" zum Gedenken an diesen großen Physiker, der am 18. April 1955 verstorben war. Seiner Mitwirkung und seiner bis in die letzte Lebenszeit ungebrochenen Initiative ist es nicht zuletzt zu verdanken, daß unsere Akademie am 24. April 1958 den 100. Geburtstag ihres verdienten und verehrten Mitgliedes Max Planck in einem glanzvollen internationalen Rahmen festlich begehen konnte. An der Arbeit einer vorbereitenden Kommission für diese Veranstaltung war er wesentlich beteiligt. Auf der Festsitzung in der Berliner Staatsoper hielt er die Festansprache: „Max Planck und sein wissenschaftliches Werk". Unvergessen wird sein letzter Vortrag über „Röntgenwellenfelder in Kristallen" anläßlich einer Veranstaltung der Klasse für Mathematik, Physik und Technik bleiben, in der er am 4. Dezember 1958 von den Ergebnissen der wissenschaftlichen Arbeit seiner letzten Lebensjahre berichtete. Es gereicht unserer Akademie zur besonderen Freude und Genugtuung, daß es sein ausdrücklicher Wunsch war, diese schönen Ergebnisse vor ihr vorzutragen und in ihren Schriften (Sitzungsberichte der Klasse für Mathematik, Physik und Technik, 1959, Heft 1) abdrucken zu lassen.

Auch mit der unserer Akademie verbundenen Physikalischen Gesellschaft in der Deutschen Demokratischen Republik hielt Max von Laue enge Verbindung. Bei der von dieser Gesellschaft zur 50jährigen Wiederkehr der ersten Veröffentlichung zur Einsteinschen Relativitätstheorie durchgeführten Veranstaltung hielt er 1955 die Festrede. Außerdem hat er sich aktiv an der von der Physikalischen Gesellschaft veranstalteten Theoretiker-Konferenz beteiligt, die sich unmittelbar an die Feiern zu Max Plancks 100. Geburtstag im April 1958 in Leipzig anschloß. Sein Rat und seine Unterstützung waren stets höchst wertvoll und sichern ihm auch hier ein bleibendes und ehrendes Gedenken. In den letzten Jahren seines Lebens hat er sich besonders eindeutig für die Verantwortlichkeit der Wissenschaftler für ihre Entdeckungen und deren Folgen für unsere Kultur und Zivilisation erklärt. So ist es verständlich, daß er ein Rufer für die Notwendigkeit des Kampfes gegen die Atomgefahr geworden ist. Wir gehen wohl nicht fehl, wenn wir bemerken, daß der berühmte Aufruf der „Göttinger 18" im April 1957, in dem die Gelehrten es ausdrücklich ablehnen, sich an einer Entwicklung zu beteiligen, die die Atomenergie nicht ausschließlich nur für friedliche Zwecke nutzen würde, ganz besonders seiner Initiative und vollen Überzeugung zu verdanken ist. Am Abend des 24. April 1958, an dem die Akademie noch festlich des 100. Geburtstages von Max Planck gedachte, blieb Max von Laue dieser Veranstaltung fern, um in der Kongreßhalle in Westberlin an einer öffentlichen Kundgebung des Berliner Arbeitsausschusses „Gegen den Atomtod" teilzunehmen und eine Erklärung gegen die Atomaufrüstung abzugeben.

So wie Laue in der Politik gegen die großen Betrüger auftrat, wendete er sich auch gegen faschistische Verzerrungen und Verfälschungen in der Physik. Sein Kampf gegen die Lenard und Starck ist bekannt. Er duldete aber auch im physikalischen Leben jener Jahre keine Unkorrektheit und schritt bei wissenschaftlicher Unredlichkeit unnachsichtig ein, insbesondere als er Vorsitzender der Physikalischen Gesellschaft war. Seine Haltung in der Physik war immer gestützt auf seine große Solidität und seine Aufgeschlossenheit dem Fortschritt der Wissenschaft zugewendet. Ein Beispiel: Er forderte Max Delbrück, der damals „Haustheoretiker" bei L. Meitner war, auf, über „negative Protonen" zu sprechen. Die Ideen von Dirac wurden damals intensiv diskutiert. Nach dem Vortrag von Delbrück sprach Einstein in der Diskussion länger als er es sonst tat – Einstein hatte ja selber Erkenntnisse über Antimaterie gewonnen und der Akademie vorgelegt – und fragte zwischendurch: „Herr Delbrück, können Sie mich verstehen?"
Delbrück: „Keinen Ton". Am Schluß der Diskussion stürzte mein verehrter Lehrer P. Pringsheim auf Laue zu und sagte: „Laue, das haben Sie davon, daß Sie diese arroganten jungen Leute diese Verrücktheiten vortragen lassen" (vorangegangen war einige Wochen zuvor ein Vortrag von F. Möglich über das „Kleinsche Paradoxon"). Laue, der auf die massive Art Pringsheims mit einem gewissen Stottern reagierte: „Pringsheim, seien Sie sicher, ich glaube den jungen Leuten kein Wort, aber ich fühle mich nicht berechtigt, die wissenschaftliche Meinungsbildung zu reglementieren".

In seiner „Geschichte der Physik" – von der Rosenfeld sagte, es sei eigentlich keine Geschichte der Physik, sondern Laues Ansichten über die Geschichte der Physik – stehen viele tiefe Gedanken über die Wissenschaft, die wissenschaftliche Begriffsbildung, die Perspektive der Wissenschaft.

Laue war eine so starke Persönlichkeit, daß sich die Beschäftigung mit seinem Schaffen, aber auch mit seiner eigenen Entwicklung, sehr empfielt. Prägte er doch mit Planck, Einstein, Nernst zusammen in der ersten Hälfte unseres Jahrhunderts das Antlitz der Berliner Physik, von der immr mehr klar wird, wie stark sie die Weltphysik beeinflußt hat.

Der bemerkenswerteste Beitrag, den Laue für das physikalische Leben in Berlin in jener Zeit gebracht hat, war zweifellos die Leitung des berühmten Mittwoch-Kolloquiums, das er zusammen mit Planck, Einstein und vielen anderen mehrere Jahre hindurch als Lehrveranstaltung (p. p. g.) der Universität angekündigt hat. Das Berliner Kolloquium hatte damals eine fast 100 Jahre alte Tradition und ging auf Magnus zurück. Laue übernahm es nach dem Tode von Rubens, dem Lehrer von G. Hertz. Einiges über dieses Kolloquium habe ich bereits in den Erinnerungen an Einstein mitgeteilt, allerdings unter dem Aspekt der Rolle Einsteins, der viele Jahre hindurch die zentrale Figur war. Laues Leitung des Kolloquiums zeichnete sich durch strikteste Respektierung der Kollektivität der physikalischen Meinungsbildung aus. Wohl sah er die wissenschaftlichen Neuerscheinungen durch — naturgemäß vor allem die bei ihm als Herausgeber der „Zeitschrift für Physik" eingereichten Manuskripte. Er rief gewöhnlich Kollegen an oder sprach sie an, die ihm als Referenten geeignet erschienen. Er ließ sich aber auch von den anderen älteren Physikern beraten und ist auf ihre Vorschläge eingegangen. Sein Sinn für Gerechtigkeit veranlaßt ihn, als Raman den Nobelpreis für die später nach ihm benannte inkohärente Streustrahlung erhielt, Pringsheim zu bitten, über den ganzen Komplex zu referieren, da nach der damaligen Meinung der Berliner Physiker Landsberg und Mandelstamm in Moskau eigentlich an dem Preis hätten beteiligt sein müssen. Pringsheim wies in einem längeren, ein ganzes Kolloquium füllenden Vortrag nach, daß tatsächlich Landsberg und Mandelstamm, aber auch Smekal, an der Entdeckung beteiligt waren. Dieser Vorfall veranlaßte Laue später wohl zu seinen Bemerkungen über die Frage der Prioritäten in der Physik in seiner Geschichte der Physik.

Im Kolloquium selbst zeichnete sich Laue durch wohltuende Kargheit des Ausdrucks aus und rückte seine eigene Meinung niemals nach vorn. Die Teilnehmer sollten die Meinungsbildung vornehmen, er hätte zu sorgen, daß alle zu Wort kommen und daß ungewöhnliche Äußerungen nicht durch Autoritäten unterdrückt würden. In der Wahl seiner Themen konnte man seine Vorliebe für das Neue, Ungewöhnliche erkennen, was auf dem Hintergrund seiner unbedingt wissenschaftlichen Zuverlässigkeit und hohen Qualität besonders wertvoll war. Bemerkenswert war, daß er den Arbeiten von Shankland relativ breiten Raum einräumte und sich durch Rückschläge nicht von seiner Linie abbringen ließ.

Nach Einsteins Fortgang wurde, wie ich bereits a. a. O. gesagt habe, das Kolloquium blasser, es belebte sich wieder, als Heisenberg regelmäßig daran teilnahm.

Für das Kolloquium gilt besonders, was Laue über sein spezielles Verhältnis zur Physik geäußert hat. Es interessieren ihn immer vor allem die grundsätzlichen, inhaltlichen Fragen. So hat er niemals zugelassen, daß die „tautologischen" Anteile der Physik zu sehr in den Vordergrund gehoben wurden. (Mit Ausnahme der Vorträge von Weissenberg auf Bitte von Einstein). Über die mathematisch-formalen Fortschritte der Physik wurde im Seminar der Theoretiker berichtet, in welchem die jüngeren Physiker wie z. B. F. London, E. Wigner den Vorsitz führten. Laues Bestreben war ganz im Sinne Einsteins, ein Kolloquium zu betreiben, das allen Physikern, Experimentatoren und Theoretikern, Vertretern der Technischen Physik die Teilnahme interessant machte, zu Diskussionen ermunterte und sie zusammenführte.

In der Zeit als Laue Vorsitzender der Physikalischen Gesellschaft war, verstand er es glänzend, das Mittwoch-Kolloquium und die Freitags-Veranstaltungen der Physikalischen Gesellschaft inhaltlich aufeinander abzustimmen. Die Physikalische Gesellschaft blieb das Forum für die großen Probleme und Diskussionen – so die Diskussion Einsteins mit N. Bohr –, so wie es vor Jahrzehnten Schauplatz des

Helmholtzschen Vortrages über die „Erhaltung der Kraft" gewesen war – während das Mittwoch-Kolloquium ein Arbeitsgremium war, in dem sich die Berliner Physiker über laufende Fortschritte, geglückte und ungeglückte Vorstöße in Neuland unterrichten konnten.

Diesen Charakter des Kolloquiums schildert auch in knappen Worten der spätere Präsident der Akademie der Wissenschaften der UdSSR, S. I. Wawilow, in seinen Briefen an Lewschin von einem Aufenthalt bei P. Pringsheim: (in meiner Übersetzung)

„... Am ersten Tage meines Erscheinens im Institut geriet ich in ein Privatkolloquium, wo außer mir noch 5 Leute waren: Laue, Pringsheim, Hettner, Czerni, Ortmann. Das Gespräch ging über eine Arbeit von Heisenberg, deren Sinn ich nicht verstanden habe und auch die Anwesenden nicht (mit Ausnahme von Laue, der die Arbeit von Heisenberg gelesen hatte und sie kommentierte). Dieses Seminar war von dem selben Typ wie unser optisches. Es werden auch Arbeiten gelesen und keiner legt sich einen Zwang auf.

Heute war ich im großen Kolloquium im großen Auditorium. Der Vortragende war ein gewisser Gordon. Wieder über Heisenberg, und wieder hat niemand etwas verstanden. Es waren dabei Nernst, Planck, Laue, Einstein und die anderen."

Die Schilderung von Wawilow ist äußerst treffend und der Charakter der freimütigen, ungezwungenen Diskussion hatte sich auch 1928, als ich begonnen habe an dem Kolloquium teilzunehmen, nicht verändert.

MIX
Papier | Fördert
gute Waldnutzung
FSC® C083411

Kolibri 360 GmbH
Ferdinand-Jühlke-Straße 7
99095 Erfurt, Deutschland
produktsicherheit@kolibri360.de